U0257791

大自然的悄悄话

给孩子的
自然信号观察指南

英国Magic Cat团队 著

何鑫 程翊欣 译

乐乐趣

西安出版社

静下来，聆听自然

当身处大自然中时，你是如何找寻方向的呢?

作为人类，我们可以通过各种文字、符号、标识知道自己所处的位置，也可以通过咨询别人，或者在新的技术手段下利用各种导航仪器去到自己想去的地方。可是，你有想过吗，在自然界中，其实有很多被我们忽略的细节。它们不仅可以告诉我们东南西北、春夏秋冬，而且能够让我们理解大自然运转的方式。在漫长的地质变迁和纷繁的生命演化历程中，自然万物早已形成自己的内在规律。甚至，这些来自大自然的悄悄话，正是我们的祖先在这颗星球上赖以生存的关键要素。

我们要做的，只是重新找回这样的感觉，换一种视角去看待这个世界，就像本书所展现给我们的，你一定会收获别样的精彩。

何鑫

上海自然博物馆副研究员、华东师范大学生态学博士

温馨提示

本书能帮助你认识并亲近大自然，但它并不是一本野外生存手册。当你去户外探险时，请确保有成年人陪着你……

跟随自然的脚步，
发现身边的美好

本书将带你深入了解自然，解读自然发出的秘密信号。

去野外探险，你需要准备哪些工具呢？

指南针、北斗卫星导航系统、远程红外相机、抛物面麦克风、热成像相机……没有这些工具也没关系，只要学会了如何"捕捉"大自然发出的信号，你就可以根据这些信号追风识雨，辨别方向，学到很多有趣的知识。大自然就像一个巨大无比的宝库，你听见的每一声鸟儿鸣唱，认识的每一个自然印记，收集到的每一条野外信号，都可以成为指引你探索自然的"向导"。

准备好了吗？一起出发吧！

史蒂夫·贝克斯霍尔

英国电影学院奖（BAFTA）获得者，著名探险家、博物学家

听，是谁在说悄悄话……

6 ➤ 如何听懂大自然的悄悄话

海洋、沙漠和小水坑

18 ➤ 涌浪来袭

20 ➤ 缤纷海洋

22 ➤ 流浪海藻

24 ➤ 沙漠寻水

26 ➤ 小小水坑

彩虹、云彩和风暴

8 ➤ 遇见彩虹

10 ➤ 雷雨将至

12 ➤ 冬日踏雪

14 ➤ 追风识雨

16 ➤ 百变沙丘

哺乳动物、昆虫和鸟类

38 ⬥ 迁徙之旅

40 ⬥ 蝴蝶翩翩

42 ⬥ 蛛网捕风

44 ⬥ 天气预报羊

46 ⬥ 黎明合唱

太阳、月亮和星星

树木、花草和真菌

28 ⬥ 落叶飘飘

30 ⬥ 树桩探秘

32 ⬥ 向阳而生

34 ⬥ 藤蔓地图

36 ⬥ 蘑菇之谜

48 ⬥ 阳光指路

50 ⬥ 举头望月

52 ⬥ 满月皎皎

54 ⬥ 星星导航

56 ⬥ 南十字座

58 ⬥ 更多自然信号，
等你来发现

60 ⬥ 词汇表

如何听懂大自然的悄悄话

自然界中藏着许多不为人知的秘密，等待着我们去发现。能预报天气的彩虹，能播报时间的鸟儿，能指引方向的小水坑……在本书中，你会发现数百条解读大自然神秘信号的技巧。这些技巧来自我过去几十年里的亲身探索与总结，也是早已被我们的祖先利用了上千年的生活经验。在古代，人们旅行时没有像现在这样先进的导航设备，只能使用一些原始的导航方式。这些导航方式不仅是方便旅途的一些常识，也能加强我们与大自然的交流。

还等什么呢？赶紧打开本书，走出家门，去验证你学到的知识吧！

动用你的感官

本书将向你展示如何用最有效的工具——感官，来探索大自然。
大多数人在野外时，常常通过眼睛观察事物。但事实上，我们可以动用更多感官，来"阅读"大自然提供的信息……

看一看

注意细节。夜空中最亮的星星是哪一颗？现在的月亮是圆是弯？抬头看看星空，然后看向前方，最后低头看看地面，你能找到正北方向吗？

听一听

闭上眼睛。仔细聆听周围的一切声音。你能分辨出不同鸟儿的叫声吗？走几步，听听自己的脚步声，有没有听见什么特别的声音？

闻一闻

深呼吸。有没有闻到花香味？或是雨过天晴后泥土的芬芳？闭上眼睛，再次深呼吸，你闻到了什么味道？

摸一摸

动动手指。选择一棵无毒、无害的树或其他植物，移动手指，用指尖摸一摸它的表面。它是粗糙的，还是光滑的？柔软的，还是坚硬的？

出发前，你还需要知道……

在本书中，你偶尔会见到这个指南针图标。它会为你指示方向，告诉你画面所描述的具体方位。

基本方向

基本方向就是指南针上的四个主要方向——东、西、南、北，通常用它们所对应的英文单词的首字母E、W、S、N来表示。基本方向前可以加上"正"字，如基本方向"南"也可以称为"正南"。

盛行风

盛行风是指某个地区在某段时间内出现次数最多的、从单一方向吹来的风。一般来说，盛行风并不是正南或正北方向的，而是向东或向西偏转。这是因为地球自转引起了"科里奥利力"。"科里奥利力"使地球上的风在北半球向右偏转，在南半球向左偏转。

保持好奇心

仔细留意你周围的事物。自然界中的很多事物都蕴藏着特殊的意义。挖掘这些意义的关键，就是保持好奇心！

你永远走不到彩虹底下，因为彩虹总是跟着你移动，直到消失。

彩虹总是出现在与太阳**方向相反**的天空中。

早晨，太阳在东边。你如果想在这时看到彩虹，就得等到雨后太阳出来，**面朝西边。**

遇见彩虹

彩虹不仅看起来很美丽，还有很多用途。

下雨的时候，留意一下太阳出现的时间。如果太阳在雨后很快出现，阳光会穿过空气中的小水滴，通过折射及反射，将鲜艳的色彩抛向天空，一道彩虹就形成了，就像美国科罗拉多州天空中的这道彩虹一样。通过破解彩虹传递出的神秘信息，你可以辨别方向，预测天气，甚至估算时间。

与人类相比，**蜂鸟**可以看到彩虹中的更多颜色，因为它们的眼睛和大脑能感知到紫外光。

要下雨了

彩虹的出现需要两个条件：阳光和小水滴。当阳光穿过空气中的小水滴时，会在折射和反射后色散成七种颜色的光，也就是我们所熟悉的一组颜色：红橙黄绿蓝靛紫。彩虹能为我们预报天气，你听说过"早虹雨滴滴，晚虹晒破脸"这句谚语吗？意思是早晨出现彩虹，预示着不久后会下雨；下午出现彩虹，预示着第二天是一个晴天。

大而清晰的彩虹一般出现在**日落前**。如果你看见一道完整的半圆弧状彩虹，那么这预示着黄昏即将来临。

下午，太阳在西边。这时你得等到雨后太阳出来，**面朝东边**，才有可能看到绚丽的彩虹。

在北半球，天气变化的信号往往来自西边。早晨出现彩虹通常是要**下雨**的信号，而下午出现彩虹则意味着晴天将至。

地下的**蚯蚓**感应到雨滴落到地面上时，便会慢慢钻出地面。它们这样做也许是为了呼吸新鲜空气，因为下雨时，土壤中的溶氧量会减少，二氧化碳的浓度会增加。

大风会把积雨云的顶部**吹成砧（zhēn）状**，简单来说就是一种顶部平、侧面凹的形状，就像打铁用的羊角砧。风暴通常会朝着"羊角"所指的方向前进。

天空中密布的**乌云**，是你得赶快去躲雨的信号。

站在地面向上望去，天空中的**积雨云**阴沉沉的。这种云充盈着大量水滴，底部看上去又低又暗，仿佛要一股脑儿地砸在你头上！

雷雨将至

当天空变暗，风起云涌……

天空中传来一阵阵低沉的隆隆声，仰望天空，你可以根据云预测是否会有雷雨。其实，云有很多可观察的细节，比如云的大小、形状、厚度、颜色，以及它在空中的高度。让我们前往黑山的杜米托尔国家公园，观察云，解读云发出的信号吧！

云是如何形成的

当温暖的空气从地面上升到大气中时，云就开始形成了。当大气中的空气逐渐冷却，其中微小的水分子会聚集成水滴或冰晶。随着越来越多的水滴或冰晶聚集在一起，云便形成了。积雨云是最容易辨认的一种云，它们会越升越高，直到变成一个巨大的"发电站"，储存足以产生雷暴的能量。幸运的是，雷雨持续的时间通常比较短。不过这期间降雨量会非常大，你最好找一个安全的地方躲雨。

预示暴风雨即将到来的云并不总是**黑色**的，它们有时也会是其他颜色，比如紫色、黄色甚至绿色。

暴风雨来临前，昆虫一般飞得很低，而很多鸟儿也会飞得很低，以便捕食这些昆虫，比如**交嘴雀**。

当雷雨滚滚而来时，你如果还在水里，一定要立即上岸，寻找安全的地方**躲雨**。

青蛙能察觉到气压的变化，预测是否下雨。雨水会为雌蛙提供最佳的产卵条件，因此在下雨前，你往往可以听到雄蛙求偶的叫声。

在高山的峭壁上，常年积雪的地带被称为**雪带**。雪带越长，说明盛行风越强。

山的哪一面朝向太阳，哪一面的雪就**融化**得更快。在北半球，南坡的雪融化得更快；在南半球，北坡的雪融化得更快。

注意观察树的基部，你发现了吗？**迎风面**的雪堆得更厚。

冬日踏雪

在我们周围的雪地上留下印记……

当温度低于0摄氏度时，空气中的水蒸气会变成冰。这些水蒸气包裹着空气中的微小灰尘颗粒，形成冰晶。这些冰晶相互黏附，就形成了我们熟悉的雪花。当足够多的冰晶粘在一起时，雪花就会变得沉重，坠落下来。如果从潮湿的空气中落下，雪花会粘在一起，形成"湿雪"。这种雪非常适合用来滚雪球、堆雪人。有时，湿雪会堆积在地面物体上，为我们指引方向。让我们一起去看看位于欧洲中南部阿尔卑斯山脉的这个山谷吧，研究研究这些已经落下很久的积雪……

如果远处的山峰上有冰，那里低云层的底端会比平时更亮，这种现象被称为"冰映光"。

雪被吹向山谷中的树林。那些面对盛行风的大树树干侧面会形成**直直的雪条**。

岩羚羊分叉的蹄子上有尖尖的脚趾，会在雪地上留下独特的脚印。

吹雪

风的运输是"吹雪"形成的主要原因。这种雪通常是"新鲜"的降雪，在落地前被风吹起，不过有时强风也会将地面上的积雪吹起。当风逐渐停止时，雪就会落下来，一般会落在大树等静止物体的迎风面。雪会附着在树木侧面，呈条带状，或者堆积在树的基部。

雪兔的毛色会随着季节而变化。它们一年中大部分时间都长着棕色的毛，但在冬天会长出白色的毛，这样可以在冰天雪地中更好地躲避捕食者。

随着雨的到来，空气会变得**潮湿**，你的头发会变得毛茸茸的。

起风的时候，你会闻到湿湿的泥土味，这就是**潮土油**的味道！

迎风而行，你会感觉到雨的**来向**。

就像这棵橡树，落叶树的**叶子**会在大雨来临前向上卷曲，这是树叶对空气湿度突然增加所做出的反应。

追风识雨

闭上眼睛，深呼吸，闻闻空气的味道。

下雨的时候，我们的嗅觉往往会变得更敏锐。雨水本身没有气味，但当它落在干燥的地面上时，空气中会弥漫着一种被称为"潮土油"的泥土味。动植物对这种气味很敏感，你也一样！不妨动用你的感官，在法国枫丹白露的这片森林中感受一下。是不是闻到了快要下雨的味道？赶紧穿上你的雨衣吧！

潮土油

潮土油是生物通过化学反应产生的一种特殊气味。在大自然中，一些植物会在干旱期分泌油脂，下雨时，这些油脂会与土壤中的放线菌所产生的化学物质一起被释放到空气中。当雨水落到地面上，这些物质混合在一起，就会散发出潮土油的气味。如果降雨量足够大，这种气味就会顺风传播，提醒远方还未下雨的地方的人大雨即将到来。雨后，地面逐渐变得干燥，潮土油的气味消失，而土壤中的放线菌会开始为下一次降雨做准备。

降雨之前，**松果**的鳞片会合起来，保护种子不被淋湿。

雨水的气味带有信号，吸引**跳虫**出没。

跳虫喜欢吃真菌、细菌、腐烂的植物等。对于跳虫来说，雨水的气味意味着大餐时间到。作为饱餐一顿的交换，菌类产生的**孢子**会附在跳虫身上，随着跳虫的活动被散播到四处。

通过感知空气湿度和气压的变化，**蜜蜂**能提前预测到降雨。下雨前，你会看到蜜蜂们忙碌奔波，它们想在下雨前多采集些花蜜。

百变沙丘

大风吹过沙漠，随着纷飞的沙粒，我们一起观察沙丘的变化。

强风会在沙粒落下前将它们吹得很远很远。沙粒在地面上滚动、反弹和飞舞，形成波浪状的小沙堆，然后堆积成更大的"山包"，这就是沙丘。沙丘可以堆积得很高很长，就像卡拉哈里沙漠里的沙丘这样。沙丘也有各种不同的形状，如新月形和金字塔形。这些独特的形状往往携带着沙漠中的秘密信息。

新月形沙丘凸出的一侧是迎风面，凹进去的一侧是滑动面。

新月形沙丘有两个"**角**"，"角"之间的距离可达100米。

在有岩石等防风物体的地方，仔细观察**沙粒**。沙粒有不同的颜色和大小，这取决于这些沙粒所来自的岩石类型。轻的沙粒一般会随风越过防风物体，并在防风物体的背风面扩散开来。

金字塔形沙丘往往是沙漠中最高的沙丘，由一个尖顶和三个或三个以上的沙坡面组成，形状像金字塔，通常单独分布，但也有几个连在一起分布的。

金字塔形沙丘是由**不同方向的风**吹向同一处沙堆而形成的。因此，利用这种沙丘分辨方向是不明智的。

线形沙丘是在两个不同方向的风的作用下形成的，沿着直线向一个方向延伸。

这些狭长的沙丘并列分布，**沙脊**大致平行。

沙丘的形状

如果你要在广袤的沙漠中寻找方向，沙丘可以成为你的好帮手。沙丘的形状很容易通过它们的名称辨别，比如新月形、线形或金字塔形。新月形沙丘都有迎风面和滑动面，迎风面是风吹过来的一面，滑动面则是背风的一面。那么，要怎样分辨出二者呢？仔细观察，你会发现，与迎风面相比，滑动面要平滑陡峭一些。

迎风面　　　　滑动面

在这种地方，风几乎畅通无阻。持续的气流会推动**植被**，影响它们的生长。因此，这里的植被大多生长在远离盛行风的地方。

涌浪来袭

海浪有规律地起伏，带你回到岸边。

在大海上，一波一波涌动的水流会形成巨大的海浪，这就是涌浪。远处的风吹动海水，海水波动产生的能量使涌浪有规律地在海洋中前行。你如果离陆地不是很远，那么顺着涌浪运动的方向，就能顺利回到岸边。生活在太平洋加拉帕戈斯群岛的海狮，作为自然界的"冲浪好手"，在返回海滩时常常会利用涌浪的这一运动规律。

涌浪**有节奏地**向岸边移动。在现代航海技术被广泛应用以前，船长常通过观察涌浪的移动节奏，推测不同海域的情况。

随着越来越多的**风能**聚集，海面上的涟漪逐渐发展成强大的涌浪。

风会使海水移动，并在海面上产生微小的波浪，也就是**涟漪**。涟漪指示了盛行风的方向。

海狮在海浪中优雅地前行。涌浪会将它们送到岸上，让它们安全地回到自己的栖息地。

日出时分，这些**燕鸥**会出海觅食；日落时，它们会返回岸边停栖。通过观察它们的飞行路线，你可以判断前往开阔水域的方向，或返回陆地的方向。

涌浪还可以预报天气。巨大的涌浪预示着**暴风雨**即将来临，是时候返回陆地了。

风浪

风吹过海面时，能量从风中转移到海中，就产生了风浪。这些能量会从海中的源头开始顺风传播，就像一块石头落进池塘所产生的涟漪。那些远离风浪来源的波浪就是涌浪。风浪越强，涌浪就越大，传播得也越远。当风吹了很久后，即使后来风停了或改变了方向，涌浪也会持续很长一段时间。

大型的**海鬣（liè）蜥**可以在涌浪中游泳，并潜入深度超过10米的海水中寻找绿藻。

当海水水深变浅时，海浪的能量会集中在越来越薄的水层内，从而导致海浪越来越高，容易**破碎**。如果你看到某处破碎的海浪正在快速冲向海岸，说明那里的海水比较浅。

像**白尾鹲**（méng）这样的鸟并不能站在水面上。当看到它们"站立"在海上时，你一定要留意避开该区域，因为那里的水下可能有**礁石**。

一般来说，海水的**蓝色阴影**越深，海水就越深。

如果某处的海水呈现**浅白色**，那里很可能是清澈的浅水区域，海底覆盖着白色的沙子。

缤纷海洋

大海一定是蓝色的吗？不同的颜色传递出哪些信息呢？

海洋中没有路标，海面下涌动的危险也很难露出海面。千百年来，水手们习惯借助大海的颜色进行导航。海水的颜色取决于海面下的物体和天空的颜色。当阳光照射到海面时，海面下的情况会影响海水呈现出的颜色。让我们一同前往世界上最清澈的海域之一——巴哈马群岛周围，去看看海水的颜色能告诉我们什么信息。

瓶鼻海豚会发出一连串高频率的声波，然后聆听周围的回声。它们能根据这些回声确定附近物体的形状、大小和位置。

如果太阳在天空中的位置没那么低，当阳光**从你身后**越过你的肩膀照过来时，你就更容易辨别哪里是浅水区。

海水颜色知多少

水手们编了一段顺口溜，以便在海上航行时解读海水颜色的含义。

"棕色，棕色，当心搁浅了。"意思是海水较浅，避免驶入。

"白色，白色，可能是浅的。"意思是可能是浅水区，海底有白色的沙子，不过这取决于海水的清澈度。

"绿色，绿色，不深也不浅。"意思是海水颜色正常，航行还算安全。

"蓝色，蓝色，可航行通过。"意思是海水足够深，船可以安全通过。

如果海水呈现出**绿色**，那么说明这里的水开始变浅，或者海底有海草，所以反射出绿色的光。

如果你发现海上有**棕色**或**黄绿色**的斑块，这通常意味着这片海面下方有物体，比如珊瑚礁。要小心喽！

流浪海藻

你知道海藻在海洋生态系统中扮演着哪些角色吗？一起去看看！

　　海藻所创造的栖息地，为成千上万的海洋生物提供了食物和庇护所。它们生长在海洋里，或者被海浪冲到岸边。在海里生长时，大多数海藻会固着在岩石上，让自己待在一个安全的地方。然而，风暴会把海藻撕碎，你在岸边发现的大多是海藻的碎片。沿着海岸线，你可能会找到各种各样令人称奇的海藻碎片，它们会告诉你一些有关天气的信息。正如在日本北海道的海边，只要沿着海岸线行走，你就会发现海藻碎片，看看它们传递出了哪些信息。

　　当轻风拂过平静的海面时，会形成一个带有巨大涟漪的暗色区域。这种风被称为**猫掌风**，它往往预示着远处有更大的风正在刮来。

　　海獭有时会漂浮在巨藻"森林"中。它们会用巨藻缠住自己，这样就能防止自己被起伏不定的海水冲走。

　　巨藻是一类依靠阳光生存的大型褐藻，它们生长在阳光能照射到的海底浅水区域。如果海水足够清澈，它们的生长范围也可以从低潮水位延伸到几十米深的海域。

簇羽海鹦常在沿海的岩石峭壁上筑巢。它们会将杂草和海藻铺在巢内，让巢变得更舒适。

什么是海藻

海藻是生长在海洋中的藻类，它们形状各异，大小不一，长度从几微米到几十米都有。与其他植物不一样，海藻没有根、茎、叶的分化，有的固着在其他物体上生长，有的漂浮在海水中，直接从水中吸收营养物质。不过，海藻和其他植物一样能进行光合作用，吸收水和空气中的二氧化碳，同时释放出氧气。一些海藻还能食用，而且味道鲜美。

下雨之前，半悬于礁石上的**海藻**会吸收空气中的水分，变得潮湿。虽然这种情况通常是由潮湿的空气造成的，但这并不一定是下雨的征兆，也可能是露水的功劳。

褐藻在冷水海域很常见，一般分布于岩石海岸。

大多数**绿藻**分布在淡水中，但有一类名为**石莼**（chún）的海生绿藻会固着在海岸岩石上，或者生活在海边岩石围成的石沼里。

沙漠寻水

水对于生命至关重要。在干旱的沙漠中，如何寻找水源呢？

如果身处非洲西南部的纳米布沙漠中，寻找水源将是一项复杂而艰巨的任务。这里常年炎热干燥，降水是地表水的主要来源。一旦短暂的季节性降水停止，野生动物就会聚集到残存的水坑附近饮水。这些水坑通常地势较低，吸引着非洲森林象等大型动物前来，而蜻蜓等小型昆虫则在水坑附近繁殖。了解野生动物的活动模式，并观察沙漠植物的分布状况，将有助于你寻找水源。

非洲森林象会前后晃动鼻子，利用嗅觉探测空气中的气味信息。有时候，它们能嗅到距离很远的水源。

多个物种朝**同一方向**行进时留下的踪迹，是前方有水源的常见迹象之一。

环颈斑鸠喜欢在淡水附近活动。它们通常在早晨和傍晚来饮水，喝饱后便会低飞回巢。

注意这些一起出没的**苍蝇**和**蚊子**，因为这代表着附近可能有水源。

24

雄性**沙鸡**用羽毛吸足水后飞回家，把水带给幼鸟。这种杂色沙鸡一次可以运输大约2汤匙水。

站得高，看得远

前往地势较高的地方，占据有利的位置，观察远处的地平线，这样你更容易发现隐蔽的水源。当太阳位于天空中较低的位置时，你可以找找地面上反射出眩光的地方，那里可能就是水源地。

沙漠中的植被通常很稀疏，但如果哪个区域长着**棕榈树**，那么就意味着那里的地下水离地面比较近。

蜻蜓需要水来完成繁殖。它们会待在靠近水源的地方，成年雄性蜻蜓会沿着水源的边缘建立自己的领地。

斑马群会不断移动，寻找新的水源。它们离水源的距离通常不超过10千米。

25

小小水坑

一个不起眼的小水坑，可能会帮助你找到正确的方向。

野外的小水坑能告诉我们很多关于当地野生动物和人类活动的信息，还能帮助我们辨别方向。在像印度孟买这样的城市里，如何找到小水坑并观察其周围的环境，是帮助我们确定方位的关键。通常情况下，雨滴很少直接地下落。盛行风将雨滴带到哪里，哪里就容易形成小水坑。雨停后，小水坑里的水开始蒸发，这时候我们就可以寻找线索了。比如小水坑的哪一边先干，哪些动物会在小水坑附近留下印迹……这些都可以帮助我们找到方向。

在北半球，随着太阳高挂天空，道路的**南侧**一般会留下更多小水坑。

你能看到小水坑表面有轻微**颤动**吗？这往往暗示着某个动物或人正在接近。

一个小水坑就像一本留言簿，从小水坑中延伸出的**印迹**能告诉我们来过的人、动物或车辆的行进方向。

道路南侧生长的植被，会在路南侧的小水坑中投下**影子**。

如果小水坑的一边是**褐色**，另一边是**绿色**，那么可能是因为**植物**身上的一些物质被盛行风吹到了绿色这一侧，而这一侧就是盛行风的方向。

读懂小水坑

在北半球的正午，太阳在南边，这意味着阳光会在物体的北侧投下影子。阳光照射到地面时，温度逐渐升高，地上的水分开始蒸发，但被影子遮挡的地方，水分蒸发得比较慢。因此，在东西向的道路上，我们常在路的南侧看到更多小水坑。而在南半球，情况刚好相反，阳光照射产生的影子出现在物体的南侧，所以道路北侧的小水坑更多。

印度**蓝孔雀**常常到小水坑里喝水。注意听它们的叫声，跟着它们很可能找到小水坑。在**季风**季节来临之前，蓝孔雀的鸣叫频率会增加，这也是大雨将至的一种信号。

摸摸石头，温暖的一面可能是**南面**。

落叶飘飘

秋风吹过，是时候与森林里的动植物
来一场约会了……

　　秋风拂过美国阿拉斯加州的通加斯国家森林时，落叶会告诉所有路过的人：凉爽的白天过后，夜晚会变得寒冷，要注意保暖。松鼠们忙着收集并储藏坚果，开始为越冬做准备。鹿妈妈和鹿宝宝长出了更厚实的毛，毛的颜色与周围树木的颜色融为一体。候鸟们向南飞去，前往更温暖的地方过冬。五颜六色的树叶飘落到地面，告诉你回家的方向。

树叶本身就含有**橙色**和**黄色**的色素，但使树叶变绿的叶绿素掩盖了这些颜色。当天气变得寒冷，营养物质减少，叶绿素就无法继续生成，树叶会逐渐变成秋天的颜色。

　　秋天，当雌性**黑尾鹿**感受到丝丝凉意时，它和鹿宝宝身上的毛色就会逐渐变浅，以便在接下来的漫长冬季中更好地躲避捕食者。

一阵风吹来，枯黄的树叶从树枝上飘落下来。树木越高大，顶端树梢上的叶子保留得越久，因为树木都有**顶端优势**，树梢上储存的营养物质往往会更多。

没有盛行风的时候，落叶会在树干背风的一侧堆积。

深秋时节，**候鸟**会迁徙（xǐ）到温暖的地方过冬。比如各种鸫（dōng）类，它们会乘着合适的风来帮助自己完成旅程。

盛行风向

你有没有留意过，一年中的大部分时间里，风都是朝同一个方向吹的。这个方向被称为"盛行风向"。盛行风就是在某个地区，常常从一个方向吹来的风。你如果知道你所在地区的盛行风向，就可以利用这些知识及周围的自然环境，来辨别方向。

落叶树会在秋季落叶，从而在冬季保存能量。初冬，光照逐渐减弱，温度变得越来越低，水面开始结冰，天空开始下雪。

一阵风把树上的**坚果**吹落，让**松鼠**意外收获了丰富的食物。在寒冬到来之前，这些爱爬树的小动物会把多余的坚果储存起来。

树桩探秘

树桩的横截面，会告诉我们这棵树过去的故事。

一些树木可以存活数百年甚至上千年。在漫长的一生中，它们历经风雨，感受四季变化，有时甚至还会经历火灾或洪水等灾害。当一棵树被砍倒后，树桩上的年轮不仅能告诉我们这棵树的年龄，还能告诉我们它生命中每一年的降水状况。仔细观察德国黑森林里的这个树桩，看看它的年轮，探寻隐藏在年轮里的故事。树桩的年轮还能为我们指示方向，你发现了吗？

夏天，**花头鸺鹠**（xiū liú）会聚在一起繁殖。它们喜欢在树洞里筑巢，从而避开盛行风，保护自己的雏鸟。

沿着树桩的**年轮**从外向里数，你会找到年轮的**中心**——年轮中间最小的一圈圆环。在北半球，年轮中心往往更靠北；在南半球，年轮的中心则更靠南。

靠南一侧的**树皮**通常颜色较浅，因为这是阳光照射最多的一侧。

由于土壤肥力、阳光方向等环境因素的影响，年轮的间距往往在某一侧**更宽**。在北半球，树桩南侧的年轮间距往往更宽，因为这一侧接受的阳光更多。

一棵树的故事

树木在生长过程中，会不断生成新的细胞层，形成一圈一圈的同心环，这就是年轮。年轮的一个环代表一次季节循环，也就是一年。年轮能反映对应年份的降水状况。比如有的环很宽，这意味着那一年的降水量很多；有的环较窄，则意味着那一年的降水量较少。

树皮、树皮中的空隙，以及树皮下面的木头，是各种**昆虫**、**地衣**和**苔藓**的家园。这些生物同时也是很多动物的食物。

野猪在土里挖掘，寻找着食物。它们会把土壤拱得松软，为种子发芽创造良好的条件。新生的树苗长得很快，它们靠南一侧的枝条会长得更长、更粗。

强风暴雨过后，迎着盛行风一侧的树干会很潮湿。

迎着盛行风一侧的**树根**会长得更长、更大，从而将树木固定住，以防被风吹倒。

在太阳快落山的时候，**幼年向日葵**正朝向西方。

向阳而生

向日葵在阳光下舞蹈，为我们带来时光流逝的信息。

每天，幼年向日葵都会追随太阳的移动路线，从东向西旋转约180度。太阳落山后，它们会垂下疲倦的茎秆，慢慢地转回到早上的位置，等太阳升起后再开始新一天的旋转。通过了解幼年向日葵追随太阳运动的规律，你可以轻松辨识方向。不过除此之外，向日葵身上的其他一些秘密信号也值得留意。走进意大利瓦尔·迪奥西亚的这片向日葵田，让大自然指引你重新认识向日葵。

开花后的**向日葵**总是朝向东方。由于不同方向的阳光照射的热量不同，朝向东方比朝向西方升温更快，能吸引更多的**传粉者**，所以向日葵花盘盛开后不再随太阳转动。

种植向日葵的人会告诉你，向日葵每天需要足够的阳光直射，才能达到最高产量。

向日葵花盘上有上千朵**小花**，这些小花叫管状花。这么多花会吸引来大量传粉者。

是谁在报时

在生长初期，向日葵会一直面向太阳，这种特性被称为"向日性"，是由向日葵的"昼夜节律"所决定的。昼夜节律，就是促使我们早上醒来、晚上睡觉的体内生物钟。但与我们不同的是，向日葵没有肌肉帮它们转动身体。那么它们是如何转动的呢？答案就在向日葵的茎上。在白天，向日葵的茎背光的一面生长较旺盛，促使花盘向着光源转动；在夜间，向日葵的茎的生长速度不再受阳光影响，花盘逐渐转回原来的位置。

在温暖的日子里，**花栗鼠**会跑出来觅食。当它们来到向日葵田附近时，你很容易就会发现它们。看，它们正把向日葵的花盘咬碎，寻找美味的葵花子呢！

向日葵那明亮的黄色花瓣，仿佛在向**红额金翅雀**等以植物种子为食的鸟儿喊道："喂，我在这里！"

藤蔓地图

**常春藤的藤蔓缠绕在树干上自由生长。
它们能告诉我们什么呢？**

常春藤是一种一年四季都能见到的常绿植物，在春季和夏季长得尤其茂盛。常春藤攀缘的高度可达30米，有多种野生动物在其中栖息、筑巢和越冬。但常春藤的用处不止于此。它们在林地边缘最常见，而且幼年常春藤的生长方向与成年常春藤的不一样。这两点都可以帮助你在林间确认方向，就像英格兰这片新生森林里的常春藤。

成年常春藤的叶片只有一个尖端，没有裂片，它们往往朝着阳光充足的方向生长。因此在北半球，常春藤一般生长在树干的南侧。

新森林矮种马常常在林地背风一侧的草地上觅食，以避开寒冷的盛行风。

常春藤喜欢在**林地边缘**附近大量生长。

一些常春藤可能会让你得皮疹。因此一定要记住，不要触摸那些你不认识的植物。

找不同

你或许会好奇，我们如何分辨那些生长方向偏北、远离阳光的幼年常春藤，或者生长方向偏南、面向阳光的成年常春藤？常春藤看起来不都长得一样吗？事实并非如此。幼年常春藤的叶片有好几个裂片，而成年常春藤的叶片只有一个尖端。

幼年常春藤　　**成年常春藤**

生长在树干南侧的成年常春藤的叶子会微微**下垂**，以便获得更多阳光。

仔细看看这些藤蔓，你有没有发现，藤蔓上有许多像头发一样的**根**附着在树上？这些根叫**气生根**，能帮助藤蔓不断向上攀援。

幼年常春藤
的叶片有好几个裂片。它们在生长时会远离阳光，朝着树干的北侧生长。

蘑菇之谜

蘑菇可能是自然界中最容易被忽视的"小向导"之一。
面对它们，一定要记住：只能看，不能摸。

走在潮湿的森林中，你很容易发现蘑菇。当然，在花园里、篱笆旁，甚至人行道上，有时也会发现各种各样的蘑菇。有些蘑菇喜欢春天的蒙蒙细雨，有些则喜欢秋天的微微凉风，但几乎所有蘑菇都喜欢潮湿的环境。在芬兰努克西奥国家公园的林地里，各种颜色不一、形状不同的蘑菇自由生长，并向我们传递出关于周围环境的一些信息。

毛头乳菇喜欢酸性土壤，常常生长在潮湿的桦树下。毛茸茸的独特菌盖配上鲜嫩的粉色，使我们很容易认出这种蘑菇。

美味牛肝菌的菌盖看起来像一个硬皮面包卷，难怪它们是西伯利亚鼯鼠最喜欢的食物之一。美味牛肝菌常出现在桦树林中，尤其是林地边缘。

你闻到了吗？**毒鹅膏**是一种有毒的蘑菇，它们会释放出又甜又臭的气味，警告我们不要靠近它们。

你可以在辨识蘑菇的过程中学到很多知识。如果你不知道它是哪种蘑菇，千万不要摸它和吃它，因为它可能**有毒**。

蘑菇是怎么长大的

蘑菇既不是动物也不是植物，而是真菌。它们通过分解动植物吸取营养。大多数蘑菇由微小的孢子（生殖细胞）发育而成。当孢子落在地面上时，它们会长出被称为"菌丝"的微小白色菌体。菌丝会扩散成一个地下网络，这个网络被称为"菌丝体"，它能使土壤更加肥沃。随着时间的推移，菌丝会形成结，向上钻出地面，长成各种各样的子实体，也就是我们熟悉的蘑菇。

层孔菌层层叠叠，一排一排地生长在树干上。它们以树干上的腐木为食，能够破坏甚至杀死树木，是森林里重要的养分回收者。

蘑菇在没有阳光的地方生长得更好。在北半球，它们经常出现在树木的北侧背阴面。

毒蝇鹅膏是常出现在童话故事中的一种毒蘑菇。它们生长在林地边缘的树木的背阴面。

鸡油菌点缀在落叶松与阔叶树混交的林地内，散发出果香，让人想起杏子的味道。

迁徙之旅

一些动物会随着季节的变化迁徙，
冬天会跟着它们离开的脚步而到来……

大多数时候，动物们能在它们生活的地方找到食物、水和藏身之处。但随着冬天的到来，天气越来越冷，食物变得越来越难找，而很多动物的行踪也更容易被捕食者发现。因此，一些动物会前往其他地方生活，这种行为就是迁徙。比如生活在北美洲落基山脉的一些动物，它们会在冬季来临前行走数千千米，寻找合适的居住地。了解了动物的迁徙模式，你将更容易发现季节转换时大自然发生的变化。

加拿大雁每年冬季都会向南迁徙。它们飞行时会排成"人"字形，为长途旅行节省能量。

动物们在经过新鲜的积雪时，往往会留下痕迹。当你面朝太阳时，更容易发现它们的**脚印**，因为阳光照射在雪上，会使脚印变得更明显。

当**马鹿**迁徙到山脚下长满青草的平地时，表明山上的植被已经被积雪覆盖。

为了躲避山地的寒冷气候，**暗眼灯草鹀**（wú）会向南迁徙。在美国，它们常被称为"雪之鸟"，因为冬天它们会突然出现在当地人家的喂鸟器或花园周围。

垂直迁徙

在冬天来临之前，有的动物会在内陆和海洋之间开始长途迁徙，有的甚至会直接从一个大洲飞往另一个大洲。不过，在山地地区，当气候变得恶劣时，一些动物会根据天气变化和食物情况，从高海拔地区迁徙到海拔较低的山麓（lù）、丘陵地带，这种迁徙叫垂直迁徙。

为了躲避捕食者，**雪羊**往往生活在高海拔地区。但随着冬天的到来，它们不得不迁徙到低海拔地区，在朝南的斜坡活动。

在冬季，**大角羊群**会迁徙到海拔较低、气候较温暖的地方。春天到来时，它们会随着新生的植物一起出现，就像在绿波中冲浪一样。

冬天，北美**草原隼**（sǔn）会离开其繁殖地所在的高海拔地区，前往低海拔的悬崖地带寻找新的栖息地。

蝴蝶翩翩

蝴蝶不仅会告诉我们很多有关天气和季节的信息，
还能告诉我们身处何处。

有花香的地方，总有色彩斑斓的蝴蝶在翩翩起舞。很多人都喜欢蝴蝶，但除了它们美丽的外表以外，你留意过它们的栖息环境吗？几乎所有长着产蜜花朵的地方，都能看见蝴蝶的身影。不过，蝴蝶最喜欢的地方还是空间开阔、阳光明媚的林间空地，比如英格兰的埃平森林。在这里，刺荨（qián）麻的叶片是很多蝴蝶的幼虫最青睐（lài）的食物之一。不同的蝴蝶往往具有不同的行为。今天，就让我们来看看蝴蝶会告诉我们什么信息！

孔雀蛱（jiá）**蝶**对产卵地点的要求非常高，它们喜欢在刺荨麻叶片的背面产卵。约一星期后，由卵孵化出的黑色幼虫就会在刺荨麻叶片上觅食。

小心带刺的荨麻，它们经常生长在植被繁茂的林间小径旁。如果遇到它们，说明在不远的地方很可能有居民区。

每年4月到5月，在新生的刺荨麻叶片背面，小小的**荨麻蛱蝶**会产下数百枚堆成一片的黄绿色卵。

40

蝴蝶能为我们提供气温信息。作为**变温动物**，很少有蝴蝶会在气温低的时候出来活动。

刺荨麻

大多数蝴蝶只在少数几种特定的寄主植物上产卵。它们会用三种感觉——视觉、嗅觉和味觉来辨识特定植物分泌出来的化学物质，以此来寻找合适的植物产卵，从而为幼虫提供食物来源。像刺荨麻这样的植物，是蝴蝶幼虫成群觅食的好场所。在斑驳的阳光下，蝴蝶寻找着合适的刺荨麻茎干。刺荨麻茎干上的刺能保护蝴蝶，防止它被食草动物吃掉。因此，如果你发现森林里的地面上有刺荨麻，仔细观察，说不定它的叶片上就有一个蝴蝶家族！

橙色尖翅粉蝶和**冬青小灰蝶**的出现，是春天到来的信号。它们会化成蛹越冬，是春天最早出现的两种蝴蝶。

优红蛱蝶会在阳光照射充足的刺荨麻叶片上产卵。

像**蓝灰蝶**这种体形娇小的蝴蝶，在下雨天很容易受伤。当察觉到空气中有雨的气息时，它们会在植物叶子或树枝下躲雨。

蛛网捕风

清晨，挂满露珠的蛛网是一道美丽的风景。

有的蜘蛛每天晚上都会结一张网，赶在第二天清晨结好，等待猎物自投罗网。网是蜘蛛的捕猎工具，但一张蛛网能否成功捕到猎物，还要看它的位置。在南美洲的亚马孙雨林，蜘蛛会利用雨林里的茂密植被，在风吹不到的地方选择一个安全的位置结网。因此，知道了盛行风的方向后，我们就可以通过蛛网，确定自己所处的位置。

离地面越高，**风速**越大。最大风速往往出现在树的顶端。

每年1月，**亚马孙地区**的盛行风来自东北方向；到了7月，盛行风则来自东南方向。

许多**蛛网**都位于植被的背风面，很少暴露在风中。

由于蛛丝非常非常细，因此蛛网很难被发现，但晨露会使许多之前看不见的蛛网显露出来。

天生会结网

　　蜘蛛通过挤压纺器中的丝腺来结网。蛛丝是一种由蛋白质组成的轻质天然纤维，直径非常非常小。一根蛛丝的粗细，只有一根头发的几十分之一！当蛛丝被拉伸到原来长度的2~4倍时，就有可能断裂。因此，蜘蛛基本不会在过于暴露的位置结网，比如风吹得到的地方。

一些**跳蛛**会结出帐篷一样的小小的网，保护自己免受雨水或捕食者的侵袭。

亚马孙食鸟蛛
一般不会通过结网捕捉猎物，它会发挥自己的喷丝技能，在雨林地表下的洞穴里架起丝线，通过感知猎物到来时丝线的振动来捕食。

许多昆虫，比如**犀金龟**，喜欢在雨林里潮湿、炎热的地方生活，因为在那里它们可以躲避雨水和阳光。

比起通过结网捕猎，**捕鱼蛛**更喜欢利用白天的风，将腿悬空，让风推动自己朝着猎物前进。

天气预报羊

看似普普通通的绵羊，却可以预报天气。

在英国威尔士的普雷塞利山上，绵羊的数量多得惊人！人类的语言有很多种，绵羊却只会咩咩叫，但这些毛茸茸的动物可以告诉我们很多有关天气的秘密。在一天之中，绵羊主要有两个吃草的时间段——早上和下午晚些时候。天气炎热的时候，它们会在风中悠闲地吃草；但在寒冷、潮湿或多风的日子里，它们会选择一个背风的角落紧紧地依偎在一起。顺便说一句，这样的聚集行为使得牧羊人的工作变得更容易！

绵羊是判断盛行风的指向标，它们会蜷缩在山坡的背风面，避开风。

绵羊有强烈的**集群本能**。当聚集在一起时，它们会倍感安全。

太阳周围的光环，也就是**日晕**，由日光通过云层中的冰晶折射和反射而形成，是即将下雨的信号。

抱团挤一挤

你有没有听说过这句关于绵羊的西方谚语："当绵羊蜷缩在一起，我们很快就会有一个水坑。"绵羊当然无法像人一样穿上雨衣或撑开雨伞，不过面对不好的天气，绵羊的羊毛就是最好的保护伞。遇到寒冷、潮湿或多风的天气，绵羊们会挤在一起，躲在防风物体的背风面，以产生和保存热量。

据说，当雨即将来临时，**奶牛**可以感觉到空气中湿度的增加，它们会选择躺下，让身下的草皮保持干燥。

留意任何零散的羊毛。绵羊会在它选中的遮蔽物上留下**标记**。

绵羊喜欢啃食荆豆灌木丛中的黄色小花。不过，迎风一侧的灌木丛被啃食得比较少，通常长得更好。

柯利犬是一种牧羊犬，尾巴末端一般长着一团白毛。有人把它们的尾巴称为"灯塔"。下雨时，太阳光线减弱，但这样的尾巴依然很容易被看到。因此，我们可以跟随牧羊的柯利犬前往避雨的地方。

黎明合唱

鸟儿们会在新的一天开始时纵情歌唱。
来听一听大自然的黎明合唱吧！

清晨，鸟儿们仿佛在举办一场歌唱比赛，鸣叫声此起彼伏。在不同的环境中，参加黎明合唱的鸟儿种类也不尽相同。春天，这个花园里的欧亚鸲（qú）在天亮前就起床了。很快，乌鸫、鹪鹩（jiāo liáo）、莺和麻雀也紧随其后。在接下来的一个小时里，热闹的黎明大合唱随着太阳的升起越来越精彩，为我们宣告新一天的开始。

很多鸟儿喜欢**迎风站立**，这样它们的羽毛才不会被风吹乱。不过，如果风向不断变化或者风很小，一群鸟儿就有可能面朝不同的方向站立。

"黎明合唱团"中的第一位表演者，通常至少在**日出前**一个小时就开始鸣唱。日出前后大约半小时内，大合唱的声音最响亮。

在北半球，鸟类的**繁殖期**一般是每年的3月到7月，这也是一年中最温暖的时节。在此期间，鸟儿们会频繁鸣唱，吸引异性。

长有羽毛的"闹钟"

　　鸟儿们并没有固定的鸣唱时间，它们会在一天中的任何时间鸣唱，往往在清晨鸣唱得更有活力，更响亮，也更频繁。这场黎明合唱可能早在凌晨4点就已经开始，随后持续几个小时，直到太阳升起，气温升高。春季的黎明合唱是最引人注目的，因为此时的鸟儿要通过鸣叫保卫自己的领地，或者吸引异性。

欧亚鸲
以尖锐的"提克，提克，嘶——"声，开始了黎明前的歌唱。

紧接着，**乌鸫**也加入进来，重复地发出"平克，平克，平克"的叫声。

接下来是**鹪鹩**和**莺**。在藏起来躲过夜晚的冷风后，它们会出场，发出悦耳的叫声。

当天完全亮了之后，以**家麻雀**为代表的吃植物种子的鸟儿才加入合唱团，因为它们需要等待良好的光线来觅食。

太阳的移动轨迹是弧形的，你可以利用太阳在天空中的位置来确定基本方向，也就是东南西北。

太阳在正午时会到达天空中看起来最高的位置。在北半球的大部分地区，正午的太阳都位于**南方**。

阳光指路

自古以来，人们都会通过观察太阳来辨别方向。

　　早晨，太阳升起，为我们带来光明和温暖。随后，太阳会自东向西移动，直到黄昏时阳光逐渐消失，气温逐渐降低。通过观察太阳在天空中的移动轨迹，你可以学会辨别方向。当然，即使在阴天，你也可以找到一些线索帮助自己辨识方位。看看位于北爱尔兰巴纳赫河谷的这片林地，找找大自然隐藏的路标吧！

　　注意**蜜蜂**的飞行路线，携带花蜜的蜜蜂会以太阳作为**固定参照物**返回蜂巢。通过保持飞行路线与太阳之间的角度，蜜蜂可以沿直线飞行，或者沿特定的蜂舞路线飞行。

在北半球，树木南侧的叶子最茂密，因为这是接受阳光照射最多的位置。

为了接收到更多的阳光，**树枝**会努力向上生长，而不是向四周散开。在北半球，对于生长在空旷地区的树木来说，背阴面的树枝往往长得更直。

太阳的运动

在天空中，太阳总是自东向西沿着弧线移动。不过在一年中的不同季节，太阳升起和落下的位置会略有变化。这是因为地球的自转轴是倾斜的，一天中的昼夜长短会随着季节变化。在北爱尔兰的仲夏时节，太阳会从东北方向升起，而冬天太阳会从东南方向升起。

白天，投射在地上的树木影子**从西向东**移动，与太阳的移动方向正好相反。

颜色像绿宝石一样的**苔藓**喜欢生长在光线较弱、水分较多的地方。这类植物就像海绵一样，会吸收空气中的水分。

49

月相

月相有八个阶段：新月、上蛾眉月、上弦月、渐盈凸月、满月、渐亏凸月、下弦月、下蛾眉月（残月）。月相的名称是根据月球可见部分的大小，以及每晚可见的部分是增加还是减少来命名的。月相以周期更替，一个完整的月相更替周期平均需要29.5天，这就是一个阴历月。

通常情况下，**上蛾眉月**会在中午之前升起。运气好的话，你可以在白天见到它。在日落前后，它会变得更加显眼，但在午夜之前便会落下。

举头望月

站在地面上观察月相的盈亏，你发现了什么规律？

月球总是绕着地球公转。当它公转时，我们能看到月球被太阳从不同角度照亮的部分。在从新月到满月的过程中，月球被太阳照亮的部分逐渐变大，这就是"月相渐盈"。在这一过程中，月亮看上去每晚都在变大。约15天后，就会出现满月。随后，月球发亮的部分会每晚逐渐减少，这就是"月相渐亏"。在北半球，上蛾眉月是月球右侧被照亮后形成的月牙，就像右页所展示的北极的月亮一样。随着观察者所处的位置不断靠近北极点，能观察到的月相时间和观测结果也会略有不同。让我们一起解读弯弯的月牙传递出来的信息吧。

北极驯鹿会用鹿角推开积雪来寻找食物。在进食时，一些驯鹿会将尾巴转向迎风的一侧，让面部和胸部避开冷空气。

蛾眉月的两端也被称为蛾眉月的角。
上蛾眉月的角直直指向日落的**反方向**。

当我们在北半球观察
月亮时，如何判断月相是盈
还是亏呢？如果能沿着月牙
的轮廓写出字母"P"，月
相就处于**盈**的状态。

在脑海中想象一条连
接上蛾眉月两端的线，沿
着这条线一直到地平线，
那里便是**南方**。

让我们把上蛾眉月想象成一把弓，
弓上那支看不见的箭所指的方向，就是
地平线下**太阳**所在的方向。

这些锯齿状的**雪脊**
和**冰脊**是由强劲的盛行风
造成的。它们锋利的边缘
与风向平行。

一些**北极狐**会在远
离狂风的地方安家，以
保护它们的幼崽免受严
寒侵袭。

51

满月皎皎

洁白的月光会指引我们穿越黑夜……

当猩红色的天空随着太阳落山而逐渐褪色后，满月就像太阳的孪生兄弟一样，从东边缓缓升起。满月十分明亮，投射出来的光芒照亮了夜空，让黑夜不再显得那么孤寂。很多动物不喜欢刺眼的阳光，习惯在皎洁的月光下散步，就像生活在欧洲西南部比利牛斯山的这些动物一样。正如白天我们可以借助太阳进行导航，夜晚，我们也可以通过满月确定方位。在午夜时分，满月在天空中的位置恰好是正南方。

蝙蝠会在满月时躲起来，这可能是因为它们不想出现在明亮的光线下，被潜在的捕食者发现。一些科学家将蝙蝠的这种行为称为"月球恐惧症"。

狗经常会在夜间通过嚎叫交流。很多人认为狗只在满月的时候才这么做，但事实并非如此。至于为什么会有"满月犬吠"的说法，很可能是因为满月时月光更明亮，所以古人常常在满月的时候出门，惊动了狗。

满月

月球是地球唯一的天然卫星，它自身并不产生可见光。当月球绕地球公转时，你会看到它被太阳光照亮的部分。当地球运行到太阳和月球之间时，月球面朝地球的一面会完全被太阳照亮，这就是"满月"，此时的月球在天空中呈现为一个完整的圆。

在北半球，满月会在午夜时分出现在**南边**的天空。

满月会像太阳一样，从**东方**升起，在**西方**落下。

你可以观察满月在天空中的移动轨迹，用与观察太阳相同的方法估算时间。

满月时，更多的水分会被**引潮力**拉到土壤表面。这时，植物种子能吸收的水分最多。

蜂鸟鹰蛾喜欢在阳光下飞行，但如果月亮足够明亮，它们也会在晚上飞行。它们常凭借自己的记忆，在每天同一时间飞到同一片花海觅食。

星星导航

星星可以为我们指引方向，带我们走出黑夜。

与太阳一样，星星也会自东向西移动。通过追踪它们的移动方向，你就可以确定自己所在的位置。来到加拿大新斯科舍省的这条卡博特之路，站在路旁观察星空，有一颗星星似乎一动不动，那便是北极星。北极星其实并不像人们普遍认为的那样，是天空中最亮的星星，而是一颗中等亮度的星星。即便如此，在黑暗的夜空中，它的亮度也足以为我们指引方向。北极星位于地球北极的正上方，我们可以利用它找到正北方向。

一旦确定了哪个方向是北方，你就可以利用北极星来估算你所在位置的**纬度**。当你看向北极星时，你的视线与水平面之间的角度与你所在位置的纬度大致相同。

星光下的**美洲貂**（diāo）会在树枝上灵巧地移动。它们寻找猎物时，会用身上的气味腺来标记路线。

在夜间活动的**美洲月形天蚕蛾**是蝙蝠最喜欢的食物之一。为了保护自己，这种绿色的大型飞蛾会摆动自己翅膀末端的尾状突起，迷惑蝙蝠瞄准自己的翅膀，而不是其他更重要的身体部位。

将视线移动大约**5倍**于天璇和天枢之间的距离，你看到的下一颗明亮的星星就是**北极星**。

北极星

抬头观察北斗七星。我们可以用北斗七星中的两颗星——**天枢**和**天璇**来辨别方向。

天枢

天璇

仙后座也能帮我们找到北极星，因为它总是高挂在夜空中，与北斗七星隔着北极星相望。

看着北极星，想象一条从北极星到水平面的垂直线，垂直线所在的方向就是**北方**。垂直线的左边是西，右边是东，而南方在你身后。

古代航海家

在航海仪器被发明之前，水手们常常依靠天空中的星星来帮助自己找到方向。一旦太阳落下，他们就会观察星星的起落位置，以确定自己的方位。在北半球，水手们的命运往往取决于他们能否找到北极星。许多人认为北极星是一颗幸运星，因为它总是能为人们指引回家的路。

南十字座

当仰望晴朗的夜空时，你看到了什么？

在晴朗的夜晚，夜空可能只是一片闪闪发光的星星海洋，但它其实能告诉我们很多关于方位的信息。南天极是天空中的一个点，位于地球自转轴向南延伸的正上方。北极上空有明亮的北极星告诉我们方位，而南极上空没有这样的恒星。不过不要灰心，如果你身处南半球，例如澳大利亚的北领地，你可以利用南十字座确定方位。

南十字座

抬头看星空，你找到有五颗明亮星星的**南十字座**了吗？

南指极星

在南十字座下方，是两颗被称为"**南指极星**"的明亮的星星。

南十字座

在南半球，当你到户外观察星星时，你可能会先注意到呈斜线分布的两颗明亮的星星。其中，较亮的一颗星星更接近地平线。这两颗星星被称为"南指极星"，它们看起来总是指向南十字座。南十字座位于南指极星的上方，是一个由五颗明亮的恒星组成的星座，看起来就像钻石的侧面。

澳洲野犬主要在黎明、黄昏和夜间出来捕猎。它们喜欢生活在靠近草原的森林边缘地带。从草原到热带雨林，它们的身影遍布澳大利亚的大部分地区。

取南十字座所组成的图形的**对角线**，
延伸出一条假想线划过天空。找到两颗南
指极星**连线的中点**，也延伸出一条假想线
划过天空。

两条假想线相交的
地方，就是**南天极**。

南天极

沿着南天极垂直
向下延伸至地平线，
你就找到了**南方**！

蜜袋鼯会爬上桉树
寻找美味的汁液。作为**夜行
性动物**，即使在漆黑的夜晚，
它那双黑色的大眼睛也
能看得很清楚。

更多自然信号，等你来发现

　　大自然总是处在不断的变化中，你在户外探险时也总会有新的发现。无论你身在何处，都可以动用自己的感官，接收来自大自然的神秘"信号"。当然，对于那些热衷于观察和探索的人来说，大自然的信号并不是秘密。

关注眼前

　　要想成为一名优秀的自然向导，最重要的就是要细心。这个习惯虽然不难养成，但需要你勤加练习。多多关注身边的环境，看看大自然向你提示了什么。

亲近自然

　　了解动物和植物喜欢什么样的栖息地，它们什么时候繁殖，依靠什么生存，能活多久。你掌握的自然知识越多，看到和学到的就越多。

学会观察

你观察大自然的时间越长，你的观察就会越有价值。大自然是一个复杂的运作系统，但只要你用心观察并思考，总能发现它的运行规律。

保持好奇

如果你能识别出一种不常见的植物或动物，请不要就此止步。随着时间的推移，你对大自然的了解将越来越多，并能对还未出现的一些自然现象做出预判。

与人分享

促进你了解大自然的最好方法之一，就是与他人分享你获得的知识。当你对某件事物有足够的了解，并能将它解释清楚时，你才算真正了解了它。

词汇表

孢子：某些低等动物和植物产生的有繁殖或休眠功能的细胞，可以发育成新的个体。

保护色：一些动物随环境变化的体色，可以使它们隐藏在自然环境中不易被察觉。

北半球：地球赤道以北的区域。

北极：地球表面最北的区域。

北极星：指向地球自转轴正北方向的恒星。

背风面：某个物体与风向相同的一面。

变温动物：体温随周围环境温度的改变而变化的动物。

冰映光：由远处的大片水域或陆地上的冰所引起的、阳光在低云层底部形成的光反射。

波浪：起伏不平的水面。

捕食者：杀死并吃掉其他生物的动物。

彩虹：天空中半圆弧状的彩色光晕，由太阳光经过空气中的小水滴后折射和反射形成。

常绿：全年树叶呈现绿色。

巢：一些昆虫或其他生物赖以生存并繁育后代的居所。

潮土油：下雨时，一些植物分泌的油脂与土壤里的放线菌所产生的化学物质一起释放到空气中的一种气味。

传粉者：将花粉从雄蕊传播到雌蕊的动物。

吹雪：被风吹起又落下后堆积起来的厚厚的雪。

垂直迁徙：动物在较低海拔和较高海拔之间的短距离迁移。

地平线：地面与天空相交的线。

顶端优势：树木在生长过程中，总是将大量营养成分向上输送到树梢里，因此树梢一直享受着营养优先待遇，生长较为旺盛。

定向：借助指南针或其他物体确定方向。

冬眠：某些动物在冬季所表现的不活跃或休眠的状态。

蛾眉月：指新月前后的月相，在盈（增长）或亏（缩减）时呈弯月形。

繁殖：生物产生新的个体的过程。

反射：光线、声波等从一种介质传播到另一种介质的界面时返回原介质的现象。比如，光在镜面上的反射。

放线菌：一类与多种植物形成共生关系的原核生物。放线菌与植物互利共生，它们能够固定土壤中的氮，使植物得以生存，而植物又能给它们提供营养物质。

分解者：能分解已经死亡的生物组织、使其成分重新进入环境中的生物，例如细菌或真菌。

风浪：风吹过水面的时候产生的波浪。

高气压：高于正常值的大气压。

根：植物体的一部分，通常长在地下，它能把植物固定在土壤里面，也能将水分和营养物质输送到植物的其他部分。

光合作用：绿色植物、蓝细菌在阳光的照射下，把水和二氧化碳合成有机物并放出氧气的过程。

海藻：生长在海洋中的各种颜色的藻类。

花蜜：花朵分泌的甜味液体。

积雨云：一类延伸得很高、能产生雷暴和降水的云。

基本方向：指南针上东、南、西、北四个主要方向。

季风： 随季节而改变风向的风。冬季由大陆吹向海洋，夏季由海洋吹向大陆。

季节： 一年里按气候、农事划分的若干个时期，通常指春季、夏季、秋季和冬季中的一个。

寄主植物： 被昆虫等其他生物寄生的植物。

茎： 植物体的一部分，一般直立于地面向上生长。

菌丝： 构成真菌菌丝体的每一根分支丝。

菌丝体： 真菌或真菌菌落的营养部分，由大量分支状的线状菌丝组成。

雷暴： 伴随着雷声和闪电的一种强对流天气。

黎明合唱： 黎明时鸟儿的鸣唱。

露水： 夜间在户外的地面或物体表面形成的水珠。

落叶树： 每年秋天会落叶的乔木或灌木。

满月： 当地球位于太阳和月球之间的时候，此时的月球被照亮的一面呈现为一个圆盘。

猫掌风： 一种小区域微风，拂过水面时会形成波纹。

觅食： 寻找食物。

南天极： 地轴向南延伸和天球相交的点。

年轮： 树桩的横截面上一圈一圈的同心环，可以反映树木的年龄和对应年份的降水状况。

栖息地： 生物的自然家园或生活环境。

气压： 地球表面的大气压强。

迁徙： 动物从一个地区到另一个地区的季节性移动。

沙丘： 因风力堆积而成、会缓慢变化的沙堆或沙脊。

盛行风： 一个地区最常见的、从单一方向吹来的风。

湿度： 空气中的含水量。

树桩： 树木被砍倒后残留在地面上直立的树干部分。

酸性土壤： pH值小于7的土壤，往往出现在温度较高、降水较多的地区。

苔藓： 一类生长在潮湿环境中的矮小的绿色植物。

太阳： 位于太阳系中心的恒星。地球围绕太阳公转，公转周期是一年。

同心环： 有相同中心的圆或环。

凸月： 月球被照亮的部分大于半圆、小于整圆时的状态。

纬度： 用来表示地球上南北距离的度数。

细菌： 在几乎所有的自然环境中都能找到的微小生物。

仙后座： 靠近北天极的一个星座，在北半球一年四季都可以看到。

向日性： 植物在阳光照射下，面朝太阳生长的特性。

小水坑： 在地面上分散分布的小而浅的水坑。

雪： 气温降到0摄氏度以下时，空气中的水蒸气凝结后降落下来的白色结晶，大多是六角形。

叶绿素： 植物体内的绿色物质，它可以使植物利用阳光的能量来制造养料。

夜行性： 生物在夜间活动的特性。

引潮力： 能引起地球上潮汐现象（如海水周期性的涨潮、落潮）的原动力，与月球、太阳的引力和地球的旋转有关。

迎风面： 某个物体与风向相反的一面。

涌浪： 离开源地向远处继续传播的海浪，或风已经平息但继续存在的海浪。

幼虫： 许多昆虫所具有的生命阶段，这一时期的昆虫还没成熟，随后会通过变态发育变为不同类型的成虫。

预报： 事先预测天气等情况。

云： 飘浮在天空中的大量小水滴或小冰晶。

藻类： 一类没有根、茎、叶的分化的生物，一般生长在水中或潮湿的物体表面。

真菌： 以有机物为食、会产生孢子的一类生物，包括各种蘑菇。

指南针： 用来指示方向的工具。

昼夜节律： 生物体内随着昼夜更迭而产生的周期性变化，一般以24小时为一周期。

自转轴： 一条穿过自转物体中心的轴线，物体绕着它旋转。地球约24小时绕地轴自转一圈。

走出去，拥抱自然

　　儿时对于自然的记忆，是春季幼儿园放学路上，意外发现的漂亮的蓝色小花婆婆纳；是夏季暴风雨来临前，爸爸为我捉到的低飞的黄蜻；是秋季妈妈带我去草地，里面传出的金蛉子清脆的合唱；是冬季第一次下雪，我在阳台上制作的水桶冰块……正是这些最纯真最美好的记忆，让我一直深爱着大自然，并尽一切可能带自己的孩子观察和感受大自然的颜色、声音、温度以及变化。

　　让我们带上这本大自然的"说明书"踏上旅程吧，探索自然永远不会让你失望。

程翊欣

高级工程师、景观规划师、华东师范大学生态学硕士

感谢所有一直关注大自然并与他人分享知识的朋友。——克雷格·考迪尔

献给最早带我了解自然的向导——我的妈妈和爸爸。——嘉莉·史瑞克

图书在版编目（CIP）数据

大自然的悄悄话：给孩子的自然信号观察指南 / 英
国Magic Cat团队著；何鑫，程翊欣译. -- 西安：西安
出版社，2023.10
ISBN 978-7-5541-6897-4

Ⅰ. ①大… Ⅱ. ①英… ②何… ③程… Ⅲ. ①自然科
学—儿童读物 Ⅳ. ①N49

中国国家版本馆CIP数据核字(2023)第112805号
著作权合同登记号：陕版出图字25-2023-021

The Secret Signs of Nature © 2022 Lucky Cat Publishing Ltd
First Published in 2022 by Magic Cat Publishing,
an imprint of Lucky Cat Publishing Ltd,
Unit 2 Empress Works, 24 Grove Passage, London E2 9FQ, UK
Text © 2022 Craig Caudill
Illustrations © 2022 Carrie Shryock

大自然的悄悄话 给孩子的自然信号观察指南
DAZIRAN DE QIAOQIAOHUA　GEI HAIZI DE ZIRAN XINHAO GUANCHA ZHINAN

英国Magic Cat团队 著　何鑫 程翊欣 译

图书策划 孙肇志　　　　　**责任编辑** 朱 艳
封面设计 卢 晓　　　　　**特约编辑** 张晓红　李轶浓
美术编辑 张旭帆　卢 晓
出版发行 西安出版社
地址 西安市曲江新区雁南五路1868号影视演艺大厦11层（邮编710061）
印刷 鹤山雅图仕印刷有限公司
开本 889mm×1194mm 1/12　**印张** 5.33
字数 60千字
版次 2023年10月第1版
印次 2023年10月第1次印刷
书号 ISBN 978-7-5541-6897-4
定价 78.00元

出品策划 荣信教育文化产业发展股份有限公司
网址 www.lelequ.com　　**电话** 400-848-8788
乐乐趣品牌归荣信教育文化产业发展股份有限公司独家拥有
版权所有　翻印必究